Thomas Dörr

Konvexe Funktionen

GRIN Verlag

Bibliografische Information der Deutschen Nationalbibliothek:

Die Deutsche Bibliothek verzeichnet diese Publikation in der Deutschen National-
bibliografie; detaillierte bibliografische Daten sind im Internet über http://dnb.d-
nb.de/ abrufbar.

Impressum:

Copyright © 2007 GRIN Verlag GmbH
Druck und Bindung: Books on Demand GmbH, Norderstedt Germany
ISBN: 978-3-656-59422-2

Dieses Buch bei GRIN:

http://www.grin.com/de/e-book/268429/konvexe-funktionen

GRIN - Your knowledge has value

Der GRIN Verlag publiziert seit 1998 wissenschaftliche Arbeiten von Studenten, Hochschullehrern und anderen Akademikern als eBook und gedrucktes Buch. Die Verlagswebsite www.grin.com ist die ideale Plattform zur Veröffentlichung von Hausarbeiten, Abschlussarbeiten, wissenschaftlichen Aufsätzen, Dissertationen und Fachbüchern.

Besuchen Sie uns im Internet:

http://www.grin.com/

http://www.facebook.com/grincom

http://www.twitter.com/grin_com

Johannes Gutenberg-Universität Mainz
Fachbereich Mathematik
SS 2007
Seminar: Analysis

Thema:

Konvexe Funktionen

Thomas Dörr
Studienziel: Staatsexamen (Lehramt)
Fachsemester: 10
Abgabetermin: 05.07.2007

Inhaltsverzeichnis

Hilfssatz

$f:(a,b) \to R$ ist konvex [strikt konvex], genau dann wenn es eine wachsende [streng wachsende] Funktion $g:(a,b) \to R$ und einen Punkt $c \in (a,b)$ gibt, so dass für alle $x \in (a,b)$

$$f(x) - f(c) = \int_c^x g(t)dt \qquad \text{gilt.}$$

Beweis:

Annahme: f ist konvex. Wähle $g = f_+'$, dieser existiert und ist wachsend (siehe Theorem 11B). Ausserdem sei $c \in (a,b)$ ein beliebiger Punkt. Nach Theorem 11A gilt: f ist absolut stetig auf $[c,x]$. Für ein elementares Argument für Riemann Integrale ist

$$f(x) - f(c) = \int_c^x f_+'(t)dt = \int_c^x g(t)dt$$

"$\Rightarrow$": Sei $\{c = x_0 < x_1 < x_2 < ... < x_n = x\}$ eine Partition des Intervalls $[c,x]$. Dann ist

$$f(x) - f(c) = \sum_{k=0}^{n-1} f(x_{k+1}) - f(x_k)$$

$$= \left(f(x_1) - f(x_0)\right) + \left(f(x_2) - f(x_1)\right) + ... + \left(f(x_{n-1}) - f(x_{n-2})\right) + \left(f(x_n) - f(x_{n-1})\right)$$

$$= f(x_n) - f(x_0)$$

Weiter gelten folgende Abschätzungen:

$$f_-'(x_k) \le f_+'(x_k) \le \frac{f(x_{k+1}) - f(x_k)}{x_{k+1} - x_k} \le f_-'(x_{k+1}) \le f_-'(x_{k+1})$$

Nach umstellen dieser Ungleichungen erhält man

$$f(x_{k+1}) - f(x_k) \le f_+'(x_{k+1})(x_{k+1} - x_k)$$

$$\Rightarrow \sum_{k=0}^{n-1} f(x_{k+1}) - f(x_k) \le \sum_{k=0}^{n-1} f_+'(x_{k+1})(x_{k+1} - x_k)$$

Für $n \to \infty$ ist diese Riemann Summe gleich dem Integral:

$$\int_c^x f_+'(t)dt = \int_c^x \lim_{y \downarrow t} \frac{f(y) - f(t)}{y - t} dt$$

3

Daraus folgt dann die verlangte Gleichung $f(x) - f(c) = \int\limits_c^x f_+'(t)dt = \int\limits_c^x g(t)dt$.

Des weiteren ist, wenn f strikt konvex ist, $g = f_+'$ strikt wachsend (Theorem 11B).

"⇐": Umgekehrt nimmt man an, dass $f(x) - f(c) = \int\limits_c^x g(t)dt$ ist, wobei g wächst. Sei nun

$\alpha, \beta > 0$ mit $\alpha + \beta = 1$.

Dann ist für x<y in (a,b):

$$\alpha f(x) + \beta f(y) - (\alpha + \beta) f(\alpha x + \beta y)$$

$$= \beta \big(f(y) - f(\alpha x + \beta y) \big) - \alpha \big(f(\alpha x + \beta y) - f(x) \big)$$

$$= \beta \int\limits_{\alpha x + \beta y}^{y} g(t)dt - \alpha \int\limits_{x}^{\alpha x + \beta y} g(t)dt$$

Wir wissen, dass g monoton ist, also ersetzen wir beide Integranden durch die Konstante $g(\alpha x + \beta y)$, den kleinsten Wert für das erste Integral und den größten Wert für das zweite Integral.

Für das erste Integral sieht das folgendermaßen aus:

$$\int\limits_{\alpha x + \beta y}^{y} g(t)dt \geq g(\alpha x + \beta y) \cdot \big[y - (\alpha x + \beta y) \big]$$

Analog dazu sieht das zweite Integral wie folgt aus:

$$\int\limits_{x}^{\alpha x + \beta y} g(t)dt \leq g(\alpha x + \beta y) \cdot \big[\alpha x + \beta y - x \big]$$

Dadurch erlangen wir auf der rechten Seite der Gleichung folgenden Ausdruck:

$$\beta g(\alpha x + \beta y)\big[y - (\alpha x + \beta y) \big] - \alpha g(\alpha x + \beta y)\big[\alpha x + \beta y - x \big]$$

$$= \beta gy - \alpha \beta gx - \beta^2 gy - \alpha^2 gx - \alpha \beta gy + \beta gx$$

Verwende: $\beta = (1 - \alpha)$ und $\alpha = (1 - \beta)$

$$\alpha \beta gx = \alpha(1 - \alpha)gx = \alpha gx - \alpha^2 gx$$

$$\alpha \beta gy = \beta(1 - \beta)gy = \beta gy - \beta^2 gy$$

$$\Rightarrow \beta gy - \alpha gx + \alpha^2 gx - \beta^2 gy - \alpha^2 gx - \beta gy + \beta^2 gy + \alpha gx$$

$$= 0 \qquad .$$

4

$$\Rightarrow \alpha f(x) + \beta f(y) - (\alpha + \beta)f(\alpha x + \beta y) \geq 0$$

Diese Aussage ist äquivalent zur Ungleichheit, welche die Konvexität definiert.

Theorem 1

Sei f differenzierbar in (a,b). Dann ist f konvex [strikt konvex] genau dann wenn die Ableitung f' wachsend ist [strikt wachsend] ist.

<u>Bsp.:</u> $f(x) = x^2$ und $f'(x) = 2x$

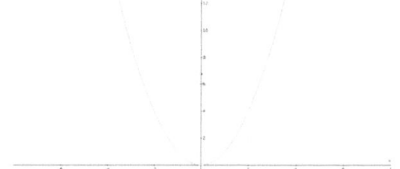 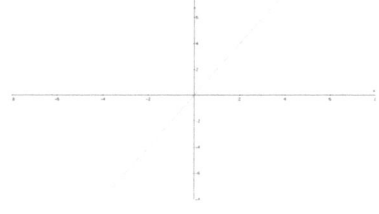

Beweis:

Nachdem die eine Hälfte des Theorems bereits im vorangegangenen Hilfssatz eingeführt wurde, nehmen wir nun an, dass f' wachsend [strikt wachsend] ist. Dann sagt der Hauptsatz der Differential- und Integralrechung, dass

$$f(x) - f(c) = \int_c^x f'(t)dt$$

für jedes $c \in (a,b)$ gilt. Die Konvexität [strikte Konvexität] von f folgt nun aus dem Hilfssatz.

Theorem 2

f sei zweimal differenzierbar in (a,b). Dann ist f konvex, genau dann wenn $f''(x) \geq 0$ ist. Ist $f''(x) > 0$ in (a,b), dann ist f strikt konvex auf dem Intervall.

Beweis:

Unter der gegebenen Voraussetzung, f' ist wachsend genau dann wenn f'' nicht negativ ist und f' ist strikt wachsend wenn f'' positiv ist. Dies kombiniert mit Theorem 1 gibt uns das Resultat.

Die letzte Aussage von Theorem 2 ist nicht umkehrbar, betrachtet man folgendes Beispiel.

Bsp.: $f(x) = x^4$, $f'(x) = 4x^3$, $f''(x) = 12x^2$, diese Funktion ist strikt konvex, allerdings ist $f''(0) = 0$. Es lässt sich hieraus also keine Aussage über strikte Konvexität ziehen.

Die nächste Charakterisierung beruht auf der geometrisch einleuchtenden Idee, dass durch jeden Punkt auf dem Graphen einer konvexen Funktion es eine Linie gibt, die auf oder unterhalb des Graphen verläuft.

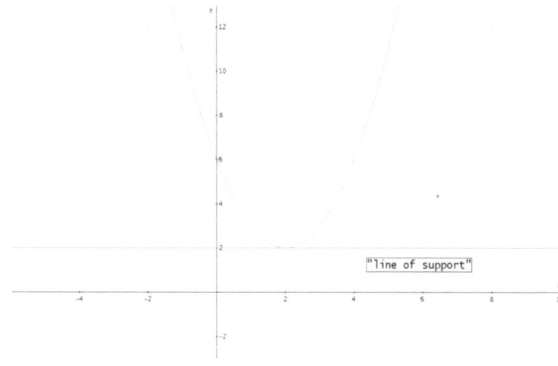

Formell sagt man, dass eine Funktion f auf dem Intervall I definiert ist, das Gewicht der Funktion im Punkt $x_0 \in I$ trägt, wenn eine affine Funktion $A(x) = f(x_0) + m(x - x_0)$ existiert, sodass $A(x) \le f(x)$ für jedes $x \in I$ ist.

Theorem 3

f:$(a,b) \rightarrow$ R ist konvex, genau dann wenn eine „line of support" für jedes $x_0 \in (a,b)$ existiert. Mit der „line of support" ist die so genannte Stützgerade gemeint.

Beweis:

"$\Rightarrow$": Wenn f konvex ist und $x_0 \in (a,b)$, wähle $m \in \left[f_-'(x_0), f_+'(x_0) \right]$. Dann ist, wie wir bereits in Kapitel 11 gesehen haben,

$$\frac{f(x) - f(x_0)}{x - x_0} \geq m \quad \text{oder} \quad \frac{f(x) - f(x_0)}{x - x_0} \leq m$$

je nachdem ob $x > x_0$ oder $x < x_0$ ist. In beiden Fällen ist $f(x) - f(x_0) \geq m(x - x_0)$, dann ist $f(x) \geq f(x_0) + m(x - x_0)$

"$\Leftarrow$": Umgekehrt nehmen wir an, dass f die Stützgerade an jedem Punkt aus (a,b) hat. Seien $x, y \in (a,b)$. Wenn $x_0 = \lambda x + (1 - \lambda) y$, $\lambda \in [0,1]$, sei $A(x) = f(x_0) + m(x - x_0)$ die Stützgerade für f an der Stelle x_0.

Dann ist $f(x_0) = A(x_0) = \lambda A(x) + (1 - \lambda) A(y) \leq \lambda f(x) + (1 - \lambda) f(y)$, wie verlangt wurde.

Obwohl das nächste Theorem keine Charakterisierung von konvexen Funktionen ist, gehen wir trotzdem darauf ein, wegen seines Bezugs zu Theorem 3.

Theorem 4

Sei f:$(a,b) \rightarrow$ R konvex. Dann ist f differenzierbar in x_0, genau dann wenn die „line of support" für f in x_0 eindeutig ist. In diesem Fall ist $A(x) = f(x_0) + f'(x_0)(x - x_0)$.

Beweis:

Es wird aus dem Beweis für Theorem 3 klar, dass entsprechend zu jedem $m \in \left[f_-'(x_0), f_+'(x_0) \right]$, es eine Stützgerade für f in x_0 gibt. Mit der Eindeutigkeit der Geraden ist gemeint, dass $f_-'(x_0) = f_+'(x_0)$, also dass $f'(x_0)$ existiert.

Auf der anderen Seite nehmen wir an, dass es die Ableitung $f'(x_0)$ gibt. Jede Stützgerade hat die Gestalt $A(x) = f(x_0) + m(x - x_0)$ und gibt uns $f(x) - f(x_0) \geq m(x - x_0)$.

Für $x_1 < x_0 < x_2$ haben wir $\dfrac{f(x_1) - f(x_0)}{x_1 - x_0} \leq m \leq \dfrac{f(x_2) - f(x_0)}{x_2 - x_0}$

Nimmt man die Grenzen $x_1 \uparrow x_0$ und $x_2 \downarrow x_0$ ergibt das $f_-'(x_0) \leq m \leq f_+'(x_0)$, so impliziert die Differenzierbarkeit von f an der Stelle x_0 die Eindeutigkeit von m, folglich von der Stützgeraden in x_0.

Anmerkungen

1. Beispiele für strikt konvexe Funktionen:

    i) e^x auf $(-\infty, \infty)$

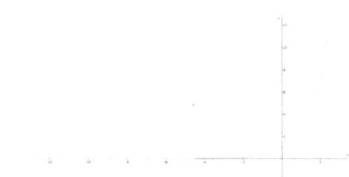

    ii) x^p auf $[0, \infty]$, wenn $p > 1$

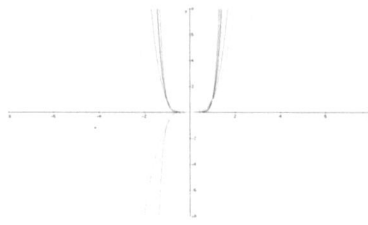

iii) $-x^p$ auf $[0,\infty]$, wenn $0 < p < 1$

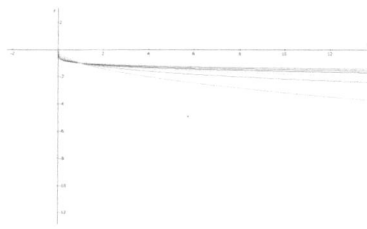

iv) $x\log x$ auf $(0,\infty)$

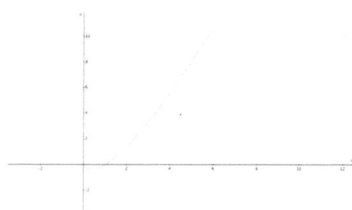

2. Sei f stetig auf (a,b), dann ist f konvex genau dann wenn

$$f(x) \le \frac{1}{2h}\int_{-h}^{h} f(x+t)dt.$$

Für jedes Intervall [x-h,x+h] in (a,b).

<u>Anschauung:</u>

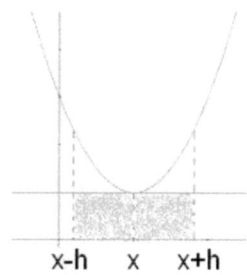

x-h   x   x+h

Beweis:

$$\frac{1}{2h}\int_{-h}^{h} f(x+t)\,dt \ge \frac{1}{2h}\int_{-h}^{h} A(x+t)\,dt, \qquad A(x+t) = f(x) + m(x+t-x)$$

$$= \frac{1}{2h}\int_{-h}^{h} f(x) + mt\,dt$$

$$= \frac{1}{2h}\left[f(x)\cdot t + \frac{1}{2}m\cdot t^2 \right]_{-h}^{+h}$$

$$= \frac{1}{2h}\left[f(x)\cdot h + \frac{1}{2}m\cdot h^2 - \left(-f(x)h\right) - \frac{1}{2}m\cdot h^2 \right]$$

$$= f(x)$$

3. Sei $f:(a,b)\to \mathbb{R}$ stetig. Dann ist f konvex, genau dann wenn

$$\int_{s}^{t} f(x)\,dx / (t-s) \le \frac{1}{2}\left[f(s) - f(t)\right]$$

für alle a<s<t<b.

Anschauung:

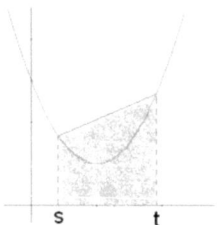

s   t

Beweis:

"$\Rightarrow$": Setze $x = (1-\lambda)s + \lambda t$.

$$\frac{1}{t-s}\int_{s}^{t} f(x)\,dx = \frac{1}{t-s}\int_{0}^{1} f\big((1-\lambda)s + \lambda t\big)\cdot (t-s)\,d\lambda$$

$$\le \int_{0}^{1} (1-\lambda)f(s) + \lambda f(t)\,d\lambda$$

$$= f(s) \int_0^1 (1-\lambda)\,d\lambda + f(t)\int_0^1 \lambda\,d\lambda$$

$$= f(s)\left[\lambda - \frac{\lambda^2}{2}\right]_0^1 + f(t)\left[\frac{\lambda^2}{2}\right]_0^1$$

$$= f(s)\left[1 - \frac{1}{2}\right] + f(t)\left[\frac{1}{2}\right]$$

$$= \frac{1}{2}\big[f(s) + f(t)\big]$$

$$"\Leftarrow": \quad \int_0^1 f\big((1-\lambda)s + \lambda t\big)\,d\lambda = \frac{1}{t-s}\int_s^t f(x)\,dx$$

$$\overset{\text{Vor.}}{\leq} \frac{1}{2}\big(f(s) + f(t)\big)$$

$$= f(s)\left[1 - \frac{1}{2}\right] + f(t)\left[\frac{1}{2}\right]$$

$$= f(s)\left[\lambda - \frac{\lambda^2}{2}\right]_0^1 + f(t)\left[\frac{\lambda^2}{2}\right]_0^1$$

$$= f(s)\int_0^1 (1-\lambda)\,d\lambda + f(t)\int_0^1 \lambda\,d\lambda$$

$$= \int_0^1 (1-\lambda)f(s) + \lambda f(t)\,d\lambda$$

$$\Rightarrow \int_0^1 f\big((1-\lambda)s + \lambda t\big)\,d\lambda \leq \int_0^1 (1-\lambda)f(s) + \lambda f(t)\,d\lambda$$

Da laut Voraussetzung in jedem Teilintervall folgender Fall ausgeschlossen ist:

Setze dazu $g := \Rightarrow f\big((1-\lambda)s + \lambda t\big) \leq (1-\lambda)f(s) + \lambda f(t)$ und $h := (1-\lambda)f(s) + \lambda f(t)$.

Sei $h < g$ in $x_0 \in [s,t] \Rightarrow$ da h stetig ist $\exists\ \varepsilon > 0$: $h(x) < g(x)$ in $\left[x_0 - \varepsilon, x_0 + \varepsilon\right]$

$$\Rightarrow \int_{x_0-\varepsilon}^{x_0+\varepsilon} h(x)\,dx < \int_{x_0-\varepsilon}^{x_0+\varepsilon} g(x)\,dx \quad \text{Widerspruch!}$$

$$\Rightarrow f\big((1-\lambda)s + \lambda t\big) \leq (1-\lambda)f(s) + \lambda f(t)$$

$$\Rightarrow f \text{ ist konvex.}$$

Literatur

Königsberger, K.: Analysis 1, Springer-Verlag, Berlin 2001

Forster, O.: Analysis 1 - Differential und Integralrechnung einer Veränderlichen, Vieweg, Braunschweig/Wiesbaden 2001

Internet:
http://www.math.uni-sb.de/ag/wittstock/lehre/WS00/analysis1/Kap_2_Z.pdf, Stand: 28.06.2007

Schrader, R. Zentrum für Angewandte Informatik Köln, 2007:
http://www.zaik.de/AFS/teachings/ss07/OR/skript/kapitel1.pdf, Stand: 28.06.2007